图书在版编目（CIP）数据

星星的好朋友：流星为什么会掉在地球上？/ 邓文
文；王晓旭图. —上海：少年儿童出版社，2023.1
（十万个为什么. 科学绘本馆. 第一辑）
ISBN 978-7-5589-1553-6

Ⅰ. ①星… Ⅱ. ①邓… ②王… Ⅲ. ①天文学—儿童
读物 Ⅳ. ① P1-49

中国版本图书馆 CIP 数据核字（2022）第 223717 号

十万个为什么·科学绘本馆（第一辑）

星星的好朋友——流星为什么会掉在地球上？

邓 文 文
王晓旭 图

陈艳萍 整体设计
赵晓音 装帧

出 版 人 冯 杰
策划编辑 王 慧

责任编辑 陈 珏　美术编辑 赵晓音
责任校对 沈丽蓉　技术编辑 谢立凡

出版发行 上海少年儿童出版社有限公司
地址 上海市闵行区号景路 159 弄 B 座 5-6 层　邮编 201101
印刷 上海雅昌艺术印刷有限公司
开本 889×1194　1/16　印张 2.25
2023 年 1 月第 1 版　2023 年 1 月第 1 次印刷
ISBN 978-7-5589-1553-6 / N·1248
定价 38.00 元

十万个为什么
科学绘本馆
（第一辑）

星星的好朋友

流星为什么会掉在地球上？

邓　文文　王晓旭　图

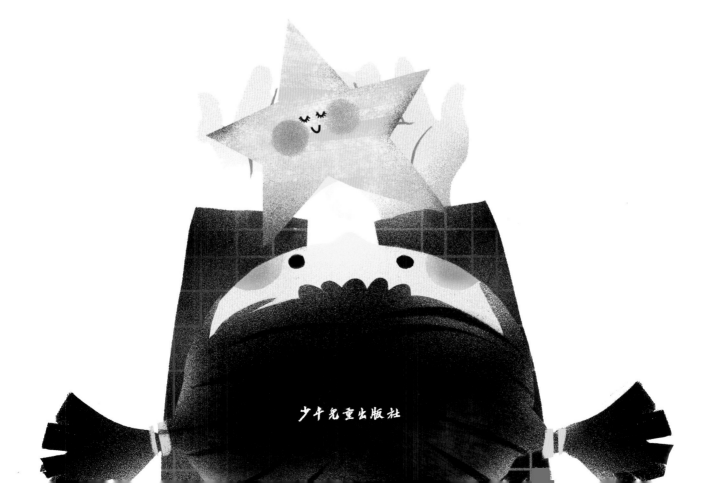

少年儿童出版社

有一个小石块，它不知道自己从哪里来，
也不知道自己要到哪里去。
它很想找到一个好朋友。

有一天，小石块远远地看到了一颗星星。

它鼓足了勇气，飞过去打招呼："你好呀！"

这颗星星却一脸傲慢："我冥王星可是一颗行星！从来不和比我还小的星星说话，更何况，你连最小的行星都不是！"

旁边的两颗星星笑了起来："我们天王星、海王星才是真正的行星！你已经被除名啦！"

三颗星星吵得不可开交。小石块只好继续往前飞。

这时，小石块的面前出现了两颗更大的行星。它鼓起勇气说道："你们好！"

这两颗行星分别是木星和土星。它们找了好半天，才发现了体形微小的小石块。

木星和土星让小石块评一评它们谁更美。

小石块说："木星的云层外衣五彩缤纷，土星的光环裙子又大又漂亮，你们都很美。"

可是木星和土星却并不满意，依然要比个高下。
小石块只好离开，继续向前飞。

这一次，小石块面前出现了四颗行星。它凑上前去，大声说道："你们好！我能和你们做朋友吗？"

火星、金星和水星都愣住了，等它们明白过来，纷纷哈哈大笑："你不过是个微不足道的小石块，怎么能和我们行星做朋友呢？太可笑了！"

只有地球皱着眉头，不知道在想什么。

"等等！"地球叫住了小石块，"我有一个办法，但你必须要经受考验！"

小石块又惊又喜。

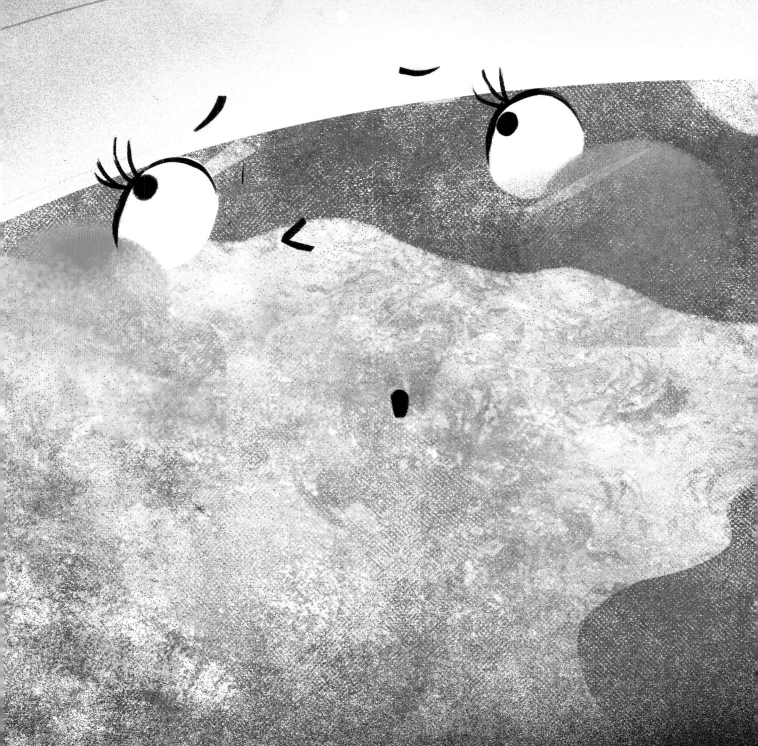

　　地球向小石块张开了怀抱，小石块闭上眼睛，向着地球冲去。

　　小石块下落的速度越来越快，越来越快，浑身燃起了熊熊火焰。它咬紧牙关，忍受着火烧火燎的痛苦，宛如一道耀眼的光芒，穿过了漆黑的夜幕。

小石块变成了一颗美丽的流星……

小石块在地上躺了很久很久……

突然有一天，它被一只温暖的小手捧了起来。

"爸爸，这是什么？"

"这是一块陨石啊！"小女孩的爸爸仔细地看了看小石块说，"就是从天上掉落下来的石头。"

"天上掉下来的石头？"小女孩很好奇，"那就是一颗星星了？"

"太好了！我一直想要一颗星星，现在，我的愿望实现了！"
小女孩把陨石抱在了怀里。

变成陨石的小石块，终于找到了自己的**好朋友**。

在茫茫的太阳系中，小石块经历了一场惊心动魄的旅行。来，一起认识一下太阳系的行星小伙伴吧！

火星呈鲜艳的橘红色。火星上有稀薄的大气以及四季变化，且有温带、热带和寒带，是与地球最像的一颗行星。

太阳是太阳系的中心，也是离我们最近的恒星。太阳放出的光和热使地球孕育出生命。

从太空看，**地球**是一颗蓝色的星球，也是太阳系唯一有生命的行星。

从地球望向天空，**金星**是最亮的行星。因为只有在晨昏才能看到，所以中国古代称其为启明或长庚。由于它颜色发白，故又被称为太白或太白金星。

水星是离太阳最近、体积最小的行星。它在中国古代被称为辰星。

木星是太阳系最大的行星，表面有美丽的大红斑（即一个逆时针旋转的巨大风暴）。它在中国古代被称为岁星。

太阳系有"八大行星"，它们都是球形的，且质量很大，在各自的轨道上环绕太阳公转。另外，太阳系大家族还包括矮行星、小行星、卫星、彗星、流星体，以及稀薄的气体和尘埃物质等。

我冥王星曾是"九大行星"之一，但 2006 年我被列为矮行星，开除出了行星"阵营"。从此太阳系只有"八大行星"。

看我土星美丽的光环"裙子"，绝对让你一眼难忘！科学家说我的"裙子"主要是由小冰块构成的。

海王星是离太阳最远的行星，呈现出比天王星更鲜亮的蓝色。

天王星呈蓝绿色，是太阳系中最冷的行星。

为什么流星有长尾巴？

当流星体急速穿过地球大气时，会与大气发生剧烈摩擦而燃烧。当然，流星体不是一下子就烧完的，而是随着流星体的运动过程逐渐燃烧，这样就形成了我们看到的那条美丽的光迹。

为什么小石块会变成一颗流星？

其实，太阳系里有很多像小石块这样流浪的流星体，甚至比沙滩上的沙子还多。当它们"路过"地球时，会被地球所吸引，"冲"进大气层里。大部分流星体个头很小，在落到地面之前就会燃烧殆尽；只有少部分会掉落到地表，最终形成陨石。

如何分辨石头与陨石？

与普通的石头相比，陨石通常有一些很神奇的特征。

熔壳

大多数陨石在穿越大气层的过程中，表面会熔化为液体。待降落后，熔化的表层重新冷却，便形成一层又薄又黑（或灰）的熔壳。

气印

很多陨石在降落过程中，由于气流的猛烈吹击，会形成一个个坑洞，如同被手指按压过一样，这就是气印。

磁性

由于很多陨石中含有铁、镍金属，因此磁性较强，甚至能被磁铁吸引。

球粒

大部分石陨石具有独特的球粒结构，又称为球粒陨石。球粒通常直径数毫米。

比重

由于很多陨石都含有铁、镍金属，因此密度通常大于地球上的岩石。也就是说，差不多大小的陨石和石头，陨石的重量会更重一些。

星星为什么会眨眼?

星光进入我们眼睛以前，必须经过地球的大气层。大气层总是处于流动状态，且各层大气的温度、密度又各不相同。星星发出的光线被几层动荡不定的大气干扰后，使得我们总觉得星星在晃动，看上去一闪一闪的，仿佛在眨眼睛。

真的有外星人吗?

地球是目前人们所知的唯一有生命的星球。不过有科学家估算，仅在银河系中，便可能存在几百到几百万个外星文明，但文明的发达程度会有所不同。但也有科学家悲观地认为，宇宙中只有地球拥有文明。如果哪天我们在地球上看到了外星人，你可要小心了——因为他们能够到达地球，就一定比我们聪明得多，文明程度比我们高得多!

银河是天上的河吗？

银河并不是天上的河流，而是银河系的一部分。银河系的多数恒星集中在一个盘状的结构里，从地球看去，银河系的盘状部分呈现为一条带形天区，仿佛一条发亮的光带，这就是我们看到的银河。不过，银河并不是固定不变的，其中的恒星缓慢地围绕着银河系中心运行。因此，我们也可以说银河是一条"流动"的天河。

这里既没有吃的，也没有喝的，

我们还是回地球吧……

月亮上有玉兔和嫦娥吗？

大多数科学家认为，在太阳系形成之初，有一颗火星般大小的天体与地球相碰撞，剧烈的碰撞让一些小碎片、尘埃飞离地球，在引力作用下慢慢聚集，最终形成如今的月球。月球是地球唯一的天然卫星。月球上没有空气和可饮用水，根本无法孕育和支持生命。嫦娥和玉兔的故事是中国传统神话传说，并不是真实存在的。

我们究竟能看到多少颗星星？

都说天上的星星数不清，其实根据科学家统计，我们肉眼能看到的星星有将近7000颗。不过，当我们在地面上看时，只有约一半的星星在地平线之上，另一半则沉于地下。另外，由于月光干扰、大气透明度不佳以及光污染等原因，导致我们能看到的星星数量